# பண்டைய கால யோகி திருமூலரின் அணு ரகசியம்.

சி. பூங்காவனம்.

Copyright © Poongavanam
All Rights Reserved.

This book has been published with all efforts taken to make the material error-free after the consent of the author. However, the author and the publisher do not assume and hereby disclaim any liability to any party for any loss, damage, or disruption caused by errors or omissions, whether such errors or omissions result from negligence, accident, or any other cause.

While every effort has been made to avoid any mistake or omission, this publication is being sold on the condition and understanding that neither the author nor the publishers or printers would be liable in any manner to any person by reason of any mistake or omission in this publication or for any action taken or omitted to be taken or advice rendered or accepted on the basis of this work. For any defect in printing or binding the publishers will be liable only to replace the defective copy by another copy of this work then available.

# பொருளடக்கம்

முன்னுரை — V

1. திருமூலரின் அணு ரகசியம் — 1

# முன்னுரை

## என்னுரை :

நான் சில சிந்தனையாளர்களைப் போல இயற்கையிடம் சிறுவயது முதலே ஈடுபாடு கொண்டேன். பிரபஞ்சத் தன்மையின் செயல்பாடுகளான பருப்பொருட்கள், உயிரினங்கள் எவ்வாறு தோன்றியது என்பதை பற்றி கேள்வி மற்றவர்களை போல் எனக்கும் உதித்தது. கடவுள் பிரபஞ்சத்தை படைத்தார் எனில் கடவுளை படைத்தது யார்? என்ற கேள்வியுடன், அது விடையில்லாமல் நின்றுவிடும்.

ஆகவே, இதற்கான தேடலால் இயற்கை என்னை அரவணைத்தது. பல துறையை சார்ந்த நூல்களை படிப்பதில் ஆர்வம் ஏற்பட்டது. என்னுடைய அறியும் ஆற்றல் ஆர்வத்தின் காரணமாக தெளிவாக பல இயற்கை வெளிப்பாடுகளை உணரும் நிலையில் இருந்தது. இருட்டிற்குள் ஒரு கலங்கரை விளக்காக நூல்கள் பல தெரிவுகளை பகர்ந்தன.

என்னை கவர்ந்த அறிவியல், வரலாறு, மற்றும் ஆன்மிக நூல்கள் அதை வழி நடத்தியது.

இந்த நூல்களில் உதவியுடன் பிரபஞ்சப் பேரண்டத்தில் உள்ளவற்றையும் அவைகளின் செயல்பாடுகளில் தெளிவு பெற முடிந்தது. மேலும் நவீன விஞ்ஞானதால் பருப்பொருள்கள், உயிரினங்கள் தோற்றத்திற்கு காரணமான அணுக்களைப் பற்றியும் பல புதிய கோட்பாடுகளையும் அறியும் வாய்ப்பு கிடைத்தது.

இந்த நிலையில், இந்தியாவின் தவ யோகியும், தத்துவஞானியான திருமூலர் என்பவருடைய திருமந்திரம் என்னும் தமிழ் நூலை படிக்க நேர்ந்தது. இந்த நூலை மேலை நாட்டினர் எத்தனை பேர் அறிந்து இருப்பார்கள் என்பதும், இந்தியாவிலும் அதிகமானவர்கள் படித்திருக்கவும் வாய்ப்பும் இல்லை.

காரணம் இது ஒரு ஆன்மிக நூலாக கருதப்பட்டது.

ஆனால்,திருமந்திரம் என்ற நூலில் ஆன்மிகம், பிரபஞ்சம், அணு, வாழ்வியல், மனித உடலியல், யோகா, வைத்தியம் பற்றிய கருத்துக்கள் உள்ளன.

இங்ஙனம், இந்த நூலில் திருமூலர் நேரடியாகவும், மறைமுகமாக தெரிவிக்கபட்ட சில விளக்கங்கள் நவீன கால விஞ்ஞான செயல்பாடுகள், அணுவை பற்றிய கருத்துக்கள் மற்றும் சில முக்கியமான தனிமங்கள் அணுவின் எண்களுடன் ஒத்துப்போகிறது. இதை பற்றி தான் நான் இந்த நூலில் விளக்குகிறேன்.

இந்தியாவின் வேதகால பழமையான நூல்களிலும், தமிழ் நூல்களிலும் மற்றும் பண்டைய நாகரிங்களின் அறிவியல்,கலாச்சாரம்,தத்துவங்கள் என தெரிவிக்கப்பட்ட கருத்துக்கள் பெரும்பாலானவைகள் தற்கால நவீன அறிவியல் கண்டுபிடிப்புகளுடன் ஒத்துப்போகிறது. சில கருத்துகள் வேறுபாடு இருக்கலாம். குறிப்பாக, பிரபஞ்ச தோற்றம், இருப்பவை,ஒடுக்கம் இவைகளுடன் தொடர்புடைய ஒலி,ஒளி,அணுக்கள்,ஐம்பூதங்கள்,உயிரினங்கள் என்று விரிவாக செல்கின்றது.

புதிய,புதிய அறிவியல் கண்டுபிடிப்புகள் தற்கால சிறந்த தத்துவஞானிகள், விஞ்ஞானிகள், அதி நவீன நுண்ணிய கருவிகள்,மாபெரும் விஞ்ஞான ஆய்வு கூடங்கள், கணிதமுறைகள், கணினி என கூட்டு உதவியுடன் நிகழ்கிறது. ஆனால், பழங்காலத்தில் பௌதிக விஷயங்களை அக விழிப்புணர்வு மூலம் கண்டுபிடித்தனர்.

தற்காலத்தில் நிகழும் கண்டுபிடிப்புகள் அனைத்தையும் விஞ்ஞானிகள் யாரும் அப்படியே ஏற்றுக்கொள்வதில்லை. குறிப்பாக,ஒரு அறிவியல் விஞ்ஞானி தெரிவிக்கும் கருத்துக்கள்,ஆராய்வு முடிவுகள் என்பது எப்போதும் முழுமை பெறுவதில்லை. அதிலிருந்து அதன் தொடர் நிகழ்வுகள் நடைபெறுகின்றன. சில சமயங்களில் அறிஞர்களிடம் சமச்சீரான முழுமை பெற்ற கண்டுபிடிப்பாக அது திகழும். அப்போது விஞ்ஞானிகளாக இருப்பவர்கள் பலரும் ஏற்றுக்

கொள்வார்கள். அவைகள் மிகச் சிறந்த கண்டுபிடிப்பாக விளங்குகின்றது.

மேலும்,அத்தகைய கண்டுபிடிப்புகள் மீதான அவரவர்கள் நோக்கு பார்வையில் வித்தியாசம் இருக்குமேயொழிய முழுமையான அடிப்படை மறுப்பாக இருக்காது. இம்மாதிரி நிகழ்வுகள் பண்டைய காலம் முதல் இன்றைய காலம் தொடர்கிறது என்று நாம் அறிவோம். ஒவ்வொரு தத்துவஞானி,பொதுவான அறிவியல் விஞ்ஞானிகள், தனிநபர்கள் என எல்லோருடைய கொள்கைகள்,கருத்துக்கள்,கண்டுபிடிப்புகள் மதித்து ஆராய்வுக்குரியதாக ஏற்றுக்கொள்ளவேண்டும். ஒவ்வொரு தனி மனிதனுடைய மூளையும் வெவ்வேறு மாதிரியான சிந்திக்கும் திறன் உடையது. ஆகவே,புதிய சீரிய சிந்தனை,அறிவுத் திறன்,ஆராய்வு மனப்பான்மை கொண்டவர்களை மற்ற சிறந்த விஞ்ஞானிகள் ஏற்றுகொள்ளவேண்டும். எந்த ஒரு மனிதனும் அனைத்தையும் அறிந்தவனாக முடியாது. அதே போல் எந்த ஒரு நாடும் எல்லாவிதத்திலும் அறிந்தவையாக முடியாது. புதிய கொள்கைகள், கண்டுபிடிப்புகள் யாரிடம் வேண்டுமானாலும் உதிக்கலாம். இது அறிவியலை மட்டும் சார்ந்தது அல்ல, இவ் உலகின் எந்த துறைக்கும் இது உரியது .

தற்கால கண்டுபிடிப்புக்களுக்கே,இந்த நிலை எனில் பண்டைய கால கருத்துக்கள்,கண்டுபிடிப்புக்கள் எவ்வாறு ஏற்றுக்கொள்வார்கள்.

ஆனால்,அறிவில் சிறந்த நம் முன்னோர்கள் பல அறிவியல் கருத்துக்களை நேரடியாகவும்,மறைமுகமாவும் தெரிவித்து உள்ளனர். பண்டைய கால அறிவு சார்ந்தவைகள், கோட்பாடாகவும்,செய்முறையாகவும் ஆராயப்பட்டு இருக்கிறது. அதில் நம் அறிவார்ந்த முன்னோர்கள் வெற்றியும் கண்டுள்ளார்கள். இதே வழியில் தான் நவீன கால விஞ்ஞானமும் தொடர்கின்றது. அண்டவியலாளர்கள்,அறிவியல் வேட்கையுள்ளவர்களுக்கு மற்றும் ஆராய்ச்சியாளர்களுக்கும் இந்த நூலின் அபதங்கள் அதாவது கருத்துக்கள் உதவும் என நினைக்கிறன். பழங்கீர்த்தி தன்மை இதனால் வெளிப்-

படும்.

மிகச் சிறந்த அறிவியலாளர்கள் இதனை உணர்வார்கள் என்பது உறுதி. அவைகளை ஆராய்ந்து ஏற்றுக்கொள்ள-வேண்டும் என்பதே என்னுடைய பணிவான கருத்து.

இது ஒரு ஆராய்ச்சி நூலாகும்.

நான் கற்ற கல்விகள் :

1. வணிக நிர்வாக இளங்கலை.
2. கலை மாஸ்டர்: வரலாறு.
3. யோகாவில் டிப்ளோமா.
4. தெய்வீக விருப்பம் குணமாகும்-பரமஹம்ஸ யோகா-னந்தாவின் போதனை.

எட்க்ஸ் ஆன்-லின் இலவச படிப்புகள் நிறைவு (Edx On-Line Free courses) completed

அறிவியல் படிப்புகள்:

1. வானியற்பியல் அறிமுகம்- வெற்றிகரமாக பூர்த்தி செய்யப்பட்டு தேர்ச்சி தரத்தைப் பெற்றது.
2. வளர்ந்து வரும் யுனிவர்ஸ்.
3. பிரபஞ்சத்தில் எங்கள் இடம்.
4. ஆஸ்ட்ரோபிசிக்ஸ்: அண்டவியல்.
5. விண்வெளி வெற்றி: விண்வெளி ஆய்வு மற்றும் ராக்கெட் அறிவியல்.
6. அணுக்கள் இருந்து நட்சத்திரங்கள் வரை; இயற்பி-யல் நம் உலகத்தை எவ்வாறு விளக்குகிறது.
7. காஸ்மிக் கதிர்கள், இருண்ட விஷயம் மற்றும் பிர-பஞ்சத்தின் மர்மங்கள்.
8. பிக் பேங் மற்றும் வேதியியல் கூறுகளின் தோற்றம்.
9. ஆஸ்ட்ரோபிசிக்ஸ்: எக்ஸோப்ளானெட்டுகளை ஆராய்தல்.
10. பிரபஞ்சத்தின் மிகச்சிறந்த தீர்க்கப்படாத மர்மங்கள்.
11. பூமி நம்பிக்கை.
12. ஒன்(ஒரு)பிளானட் ஒன் (ஒரு)பெருங்கடல்.

மத பாடநெறிகள்:

1. மத அறிவியல்.

2. இந்து மதம் அதன் வசனங்களின் மூலம்.
பொது:
1. பொது பேச்சு.
இந்த நூலை எழுத உதவிய இறைவனுக்கு நன்றி.
உங்களுக்கும் எனது நன்றி!

# 1

# திருமூலரின் அணு ரகசியம்

## *திருமூலர்:*

திருமூலர் என்பவர் பண்டைய காலத்தில் வாழ்ந்த யோகியாவார். தத்துவ மெய் ஞானியாகவும் விளங்கினார். இவர் தனது தவ யோக பலனால் அபூர்வ சக்திகளை பெற்று விளங்கினார்.

**திருமூலரின் வாழ்க்கை பற்றிய சிறு குறிப்பு :**

திருமூலர் இந்தியாவின் வட இமயமலை பகுதியில் இருந்து இந்தியாவின் தென்பகுதியான தமிழ்நாட்டிற்கு வந்துள்ளார் என கூறுகின்றார்கள். இதற்கான அடிப்படை சான்றுகளாக தமிழ் நூல்களை எடுத்துகாட்டுகிறார்கள். பண்டைய கால இந்தியாவில் இவ் உலகிற்கு பெரும் நன்கொடையாக அருளப்பட்ட யோகா கலையை மிகச் சிறந்த முறையில் கற்று தேர்ச்சி பெற்று விளங்கினார். அதே போல் மிகப் பழமையான வேத நூல்களான ரிக் வேதம், சாம வேதம்,அதர்வணம் வேதம்,யஸுர் வேதம் போன்றவற்றை அறிந்தவராக இருந்தார். மேலும் அக்காலத்தில் இருந்த பல கலை,மந்திர,தந்திர சாஸ்திரங்கள்கள்,சூத்திரங்களை உணர்ந்தவராகவும் இருக்கலாம். அஷ்ட (*அட்டமா*) சித்திகளை கைவர பெற்றிந்தார்.

வட இந்தியாவின் கயிலாய மலையில் இருந்து தென் இந்தியாவின் தமிழர்கள் வாழும் பகுதியான திருவாடுதுறை என்ற ஊரை அடைந்தார்.இங்கு இறை பணி செய்துவிட்டு வேறிடம் செல்லும் போது காவிரி கரையின் அருகே பசு மாடுகள் அழுதுபடி, நின்று கொண்டு இருந்தன. பசுக்கள் ஏன் அழுகின்றன என்று அறிய எண்ணினார். அப்போது பசுக்களை உரிய முறையில் கவனித்து, மேய்க்கும் மூலன் என்பவன் அங்கே இறந்து கிடப்பதை கண்டார்.

கருணை உள்ளம் படைத்த தவ யோகியான திருமூலர் அப் பசுக்களின் துயர் நீக்க தான் கற்ற அபூர்வ அட்டமா சித்தியை பயன்படுத்தி தன்னுயிரை இறந்து கிடந்த மூலன் உடலில் புகுத்தினார். இந்த நிகழ்வால் மூலன் உடம்பு உயிர் பெற்று எழுந்தது. இதை கண்ட பசுக்கள் மகிழ்ந்தன.திருமூலர் பசுக்களை அவைகளின் கொட்டகைகளில் சேர்த்தார். மூலன் வீட்டிலிருந்து அவனின் மனைவி வந்து பணிவிடை செய்ய முற்பட்டால் இதனை உணர்த்த திருமூலர் அங்கிருந்து விரைந்தார்.

ஆனால்,மூலன் மனைவி ஊர் மக்களை அழைத்து நியாயம் கேட்டாள் ஊர் பெரியோர்கள் திருமூலரிடம் விளக்கம் கேட்டனர் அப்போது மூலன் உடம்பில் அவன் இல்லை என நடந்தவை விளக்கினார். அவர்களுக்கும் குழப்பத்தில் ஒன்றும் புரியவில்லை. இதனால் திருமூலர் அங்கிருந்து செல்ல அனுமதித்தனர். இதன் பின்னர் தான் மூலன் உடம்பில் புகுவதற்கு முன் ஒளித்து வைத்த உடலை தேடினார். அவ் உடம்பு எங்கும் காணவில்லை. இது இறைவனால் மறைக்கப்பட்டது என உணர்ந்தார். பிறகு மூலன் உடலுடன் இருந்தார். ஆகவே திருமூலர் என்று அழைக்கப்பட்டார். இந்த நிகழ்வுக்கு பின்னர் திருமூலர் திருவாடுதுறையில் தங்கி திருமந்திரம் என்னும் நூலை 3000 செய்யுளாக இயற்றினார்.

பண்டைய கால சித்தர் திருமூலர் இவரது காலத்தை துல்லியமாக கணிக்க முடியவில்லை. குறிப்பாக பொதுவான சகாப்தத்திற்கு முன்பு 5000( B.C.E) என்றும்,3000(B.C.E), என்றும் மற்றும்பொதுவான சகாப்தம்(C.E) 5 முதல் 8 ஆம் நூற்றாண்டுகளுக்கு உட்பட்டது எனவும் கூறப்படுகிறது. இவரது பாடல்களின் கலவை தமிழ்நாட்டில் விளங்கிய சங்ககால புலவரைப் போன்றது என்பதற்கும், சில பாடல் வரிகள், தலைப்புகள், சொற்கள் போன்றவற்றை திருவள்ளுவருக்குப் பிந்தைய காலமாகக் கருத வேண்டும் என்பதற்கும் இது சான்றாக இருக்கிறது. பொதுவாக இந்தியா, கிரேக்கம்,ரோம் மற்றும் பல நாட்டு தொன்மை-

யான அல்லது பண்டைய கால தத்துவஞானிகள் வாழ்ந்த காலம் குறித்து சரியான தகவல்கள் இல்லை என்றே கூறலாம். பிந்தைய கால தத்துவ-ஞானிகள் பற்றி குறிப்பு கிடைக்க வாய்ப்பு உருவாகியிருக்கலாம்.

ஆனால் பண்டைய காலத்தவர்களின் ஆதாரம் அழிக்கப்பட்டு இருக்கலாம். தகுந்த முறையில் பதிவுகள் இல்லாமல் இருக்கலாம். இதையே ஒரு ஆதாரமாக எடுத்து கொள்ளலாம். சரியான காலம் கிடைக்காதவர்கள் பண்டைய கால தத்துவஞானிகள் என அறியலாம்.

**குறிப்பு :**

சங்க காலம் என்பது இந்தியாவின் தென் பகுதியான தமிழ்நாட்டில் அறிவில் சிறந்த அரசர்கள், மாமேதைகள், புலவர்கள் ஆகியோர்களை கொண்டதாக விளங்கியது.

மற்றும் சிறப்பான நாகரிகத்தை உடையதாக இருந்தது. சங்க காலம் பொதுவான சகாப்தத்திற்கு முன்பு 6 நூற்றாண்டு(BCE) முதல்தற்போ-தைய சகாப்தம் 2 நூற்றாண்டு (CE)வரை உள்ள காலத்தை குறிக்கிறது. இந்த சங்க காலத்தில் அறிவில் சிறந்த புலவர்கள் சங்கம் அமைத்து தமிழ் மொழி வளர்த்தனர். சங்க கால இலக்கியங்கள் ,அந்த காலத்-தில் வாழ்ந்த அரசர்கள்,புலவர்கள் இவர்களின் வரலாற்று குறிப்புக-ளின் அடிப்படையில் இதன் காலம் நிர்ணயிக்கப்படுகிறது. பண்டைய கால ரோமானிய பேரரசு,கிரேக்க பேரரசு போன்றவைகளுடன் வியாபா-ரம் செய்துள்னர். இதன் மூலம் தமிழ்நாட்டின் பழமையை அறியலாம்.

**திருமூலர் இயற்றிய திருமந்திரம் நூல் அமைப்பு :**

பண்டைய சித்தர் திருமூலர் 3,000 தமிழ் (*வசனங்கள்*) பாடல்கள் இயற்றியுள்ளார். இது திருமந்திரம் என்று அழைக்கப்படுகிறது. ஒன்பது தந்திரங்களாக இவை பிரிக்கப்பட்டுள்ளது . தமிழில் இது ஒன்பது தந்தி-ரம் எனப்படுகின்றது.

மேலும் ஒரு சாத்திர நூலாகவும் கருதப்படுகிறது.தமிழ் மொழியின் இலக்கண நடைமுறையில் சொல்,பொருள்,வசனம் ஆகியவற்றின் அடிப்படையில் திருமந்திரம் அமைந்துள்ளது. பின்னர் அது ஒரு புத்-தகத்தில் தொகுக்கப்பட்டது. இந்த புத்தகத்தில் அவரது கருத்துக்கள் பெரும்பாலும் கடவுளைப் பற்றியும், பிரபஞ்சத்தின் உருவாக்கம் பற்றியும், நுண்ணிய அணுக்கள், மனித ஆரோக்கியம், வாழ்வியல்,மனித உடலி-யல், யோகா, ஆன்மீகம் மற்றும் உயிரினங்கள் என பலவற்றை பற்றி தெளிவாக விளக்கப்பட்டுள்ளன.

மேலும்,

பிரபஞ்சவியல், குவாண்டம் கோட்பாடு, குவாண்டம் இயக்கவியல், சரக் கோட்பாடு, பிரபஞ்ச ஒலி, ஒளி, வான் வளிமண்டலம், உயிர் தத்துவம் போன்றவற்றை உள்ளடக்கியதாக விளங்குகிறது.

அவரது புத்தி நம்மை வியக்க வைக்கிறது. பல நவீன கருவிகள் மற்றும் திறமையான அறிவுசார் சிந்தனையின் அடிப்படையில் இன்றைய நவீன அறிவியலை உருவாக்கியுள்ளோம். இதன் மூலம் பல கண்டுபிடிப்புகள் செய்யப்பட்டுள்ளன, அவை எதிர்காலத்திலும் தொடரும். திருமூலர் தனது உயர்ந்த புத்திசாலித்தனத்துடன் சிறந்த பல கருத்துக்களைத் தெரிவித்துள்ளார். அவருடைய அறிவுத்திறனை மட்டுமே ஆராய்வோம்.

அப் பகுதிக்கு செல்வதற்கு முன் அணு, அணு எண், தனிமம் என்பது என்ன என்று அறிவோம்.

### அணு என்பது என்ன ?

அணு என்பது ஒரு பொருளில் அடங்கியுள்ள மிகச் சிறிய நுண்ணிய துகளை குறிக்கும். ஒரு தனிமத்தின் மிகச் சிறிய துகளாகும்.

ஒரு அணு அதன் மையத்தில் நேர்மின்சுமை உடைய நியூக்ளியஸ் இருக்கிறது. நியூக்ளியஸின் உட்பகுதியில் புரோட்டான் மற்றும் நியூட்ரான் இருக்கிறது நியூட்ரான் சுமையற்றது, இவைகளை சுற்றி வரும் சுற்றி எலெக்ட்ரான் எதிர்மின்சுமை கொண்டது. அணுக்கள் பிரபஞ்ச ஜடப்பொருள்கள், உயிரினங்கள் கட்டமைப்புக்கு காரணியாகும். அணு ஒளி மற்றும் உள்ளாழ்ந்த ஆற்றல் உடையது. இன்றும் இது அகப்படாத தன்மையுடையது.

தொன்மையான காலத்தில் உருவான அணுவை இன்னதென அறிய பல நூல்களாக எழுத வேண்டும். இங்ஙனம் இருப்பினும் அணுவின் மேற் கூறிய விளக்கம் இப்போதைக்கு போதுமானதாகும்.

### தனிமம் என்றால் என்ன?

எந்த ஒரு தூய பொருளை இயற்பியல் அல்லது வேதியியல் முறையினால் மேலும் அவற்றை பிரிக்க முடியாதோ அப் பொருளே தனிமமாகும். அது ஒரே வகை அணுக்களால் ஆனவை, கலவையான அணுக்களாக இருக்காது.

### எடுத்துக்காட்டு ;

தங்கம் என்ற தனிமத்தை எடுத்துக்கொண்டால் அதில் தங்கத்திற்கான அணுக்கள் மட்டுமே இருக்கும்.

மொத்தம் 118 தனிமங்கள் உள்ளன. இதில் 92 தனிமங்கள் இயற்கையில் இருக்கிறது. மீதமுள்ள 26 தனிமங்கள் ஆய்வகங்களில் செயற்கையான முறையில் உற்பத்தி செய்யப்படுகின்றன. தனிமத்திற்கான அட்டவணையில் 118 தனிமங்களின் பெயர்களை அறிந்து கொள்ளலாம்.

தனிமங்கள் எதோ பிரபஞ்ச வெளியில் மட்டுமே இருப்பதாக கருத வேண்டாம். நம் உடலில் தனிமங்கள் உள்ளன.

**அணு எண் என்பது என்ன?**

ஓர் அணுவின் அணு எண் என்பது அந்த அணுவின் உட்கருவினுள் (*நியூக்ளியஸ்*) இருக்கும் புரோட்டான்களின் எண்ணிக்கை அல்லது அத் தனிமத்தின் உட்கருவை வெளிப்பாகத்தில் சுற்றி வருகின்ற எலக்ட்ரான்களின் எண்ணிக்கை என வரையறுக்கப்படுகிறது.

ஒவ்வொரு தனிமமும் வெவ்வேறு எண்ணிகையில் புரோட்டான் மற்றும் எலக்ட்ரான்களை கொண்டவையாக இருக்கும்.

இதில் முதலில் வருவது ஹைட்ரஜன் அணுவாகும்.இதன் அணு எண் 1 ஆகும்.

ஹைட்ரஜன் அணு ஒரு புரோட்டான்,ஒரு எலக்ட்ரான் உடையது. இதன் அடிப்படையில் இது அணு எண் 1 என்பதாகும்.

மற்ற தனிமங்கள் 2,3,4,5.....118 என்ற அணு எண் வரை உள்ளது. அணு எண் Z என்ற குறியீட்டால் குறிக்கப்படுகிறது.

**அணுவைப் பற்றி:**

திருமூலர் அணுவை பற்றிய கருத்துக்களை கூறுகிறார்.

அணு என்பது ஒரு நுண்ணிய பொருள், அது விரிந்த சடைமுடி போல் உள்ளது. என்கிறார். ஹிக்ஸ் போசானின் (*கடவுள் துகள்*) தோற்றம் விரிந்த சடை போல் இருக்கிறது. அணுவை பகுக்க முடியும் என்றும் அது மிகப் பெரிய ஆற்றல் உடையது.மேலும், அணு ஒளியாகவும்,ஒலியாகவும் விளங்கும்,அணுவை அழிக்க முடியாது எனவும் கூறுகின்றார். அணுவை பகுத்தால் இறுதி வடிவம் இறைவன் மற்றும் உயிர்(*சீவன்*) (*ஆன்மா*) என்கிறார். அணுவின் தோற்ற காரண பொருளை யாரும் முழுமையாக காணவில்லை என்கிறார். திருமூலர் கூறிய இந்த தத்துவங்கள் அனைத்தும் தற்கால அணு விஞ்ஞானிகளின் கருத்துகளுடன் ஒத்துப்போகிறது.பல்வேறு காலக்கட்டத்தில் பலநூறு விஞ்ஞானிகள்,அதி நவீன நுட்பமான கருவிகள் உதவியுடன் தெரிவித்த அணு கோட்பாடுகளை பண்டைய கால திருமூலர் தன்னுடைய அக விழிப்புணர்வு

துணை கொண்டு தெரிவித்து இருக்கிறார். இதை எந்தவொரு உண்மை-யான விஞ்ஞானியும் மறுக்க இயலாது.

ஆகவே,திருமூலர் ஒரு வியக்கத்தக்க மனிதர் ஆவார்.அணுவைப் பற்றி பண்டைய காலங்களிலிருந்து நவீன காலம் வரை ஆராயப்பட்டது. குறிப்பாக பண்டைய இந்திய,கிரேக்க தத்துவஞானிகள் அணுவை பற்றி கருத்து தெரிவித்துள்ளார்கள். இந்தியாவில் மிகத் தொன்மையான காலத்திலிருந்து அணுவை பற்றி பல நூல்களில் இதன் குறிப்புக்கள் இருக்கிறது. இந்திய தத்துவஞானிகள் கானடா (*கணாதர்*). திருமூலர் போன்றவர்கள் மற்றும் பல யோகிகள் அணுவின் கோட்பாடுகளை விளக்கியுள்ளார்கள்.

இப்போது நாம் ஆராய்வு பகுதிக்கு செல்வோம்.இங்கு நாம் எடுத்-துக்கொள்ளும் தலைப்பின் பகுதி பஞ்சாட்சரம் என்று பெயரிடப்பட்டுள்-ளது.

**நமசிவய (பஞ்சாட்சரம்) என்பது ஆய்வின் எழுத்துகள் :**

இந்த சொல்லின் உண்மையறிந்து, அதன் மகத்துவத்தை உரைக்கா-திருப்பது சாலச் சிறந்தது அன்று.

**பஞ்சாட்சரம்:**

பஞ்சாட்சரம் என்பது ஐந்து தமிழ் எழுத்துக்களை அதாவது நமசிவய என்ற எழுத்தை குறிக்கும்.

இந்த நமசிவய, எழுத்துகள் பிரபஞ்சத்தின் சக்திகளை உள்ளடக்கு-கின்றன. அத்துடன் அண்ட இயக்கங்களுக்கு காரணமாக இருக்கின்றது. இது மூதாதையர்களால் திருவைந்தெலுத்து என்றும் அழைக்கப்படுகிறது.

இந்த பஞ்சாட்சரத்தின் (*நமசிவாய*) என்ற சொல் தமிழ் எண்களுடன் ஒத்துள்ளது. திருமூலர் இதை மகான்களின் கூற்றுப்படியும், தமிழின் இலக்கண நடைமுறைகளை பயன்படுத்தியும் விளக்குகிறார்.

**தமிழ் இலக்கங்கள்:**

க - உ - ந - ச - ரு - சா - எ - அ - கூ - ய - தமிழ் எண்கள் முறையே,

1- 2- 3 - 4 - 5 - 6 - 7 - 8 - 9 - 10 - தற்கால எண்களை குறிக்கிறது.

**எனது ஆராய்ச்சி முடிவுகள்:**

நான் இங்கே, திருமூலர் குறிப்பிட்டுள்ள தமிழ் எண்களுடனும், தற்-போதைய அணு எண்கள் மற்றும் அதனுடன் தொடர்புடைய கூறுகளு-

டனும் அதன் தொடர்பையும் ஒப்பிடுகிறேன்.

**எனது கண்டுபிடிப்பின் படி,**

அவர் கூறிய நமசிவய என்ற சொல்லிற்கான ,பழங்கால தமிழ் எண்-களுக்கும் ஏதேனும் காரணம் இருக்கும் என கருதி ஆய்வு மேற்கொண்-டேன். அந்த ஆராய்வின் முடிவில் அந்த தமிழ் எண்கள்,தற்கால அணு எண் கொண்ட தனிமங்களுடன் ஒத்துப்போகிறது என்று கண்டுபிடித்-தேன்.இது என்னுடைய கண்டுபிடிப்பு என்பதை தெரிவிக்கிறேன்.

பஞ்சாட்சரம் (நமசிவய) என்பதின் தமிழ் எண்கள் தற்கால அணு எண்களுடன் தனிமங்களுடன் ஒத்துப்போகிறது.

இது எவ்வாறு என்பதை கீழ் கொடுக்கப்பட்ட அட்டவணையில் காணலாம்.

(நமசிவய)

பஞ்சாட்சரம்-தமிழ்எண்கள்-நவீனஎண்கள்-அணுஎண்-தனிமம்பெயர்

ந - க - 1 - 1 - ஹைட்ரஜன்

ம - உ - 2 - 2 - ஹீலியம்

சி - ரு - 5 - 5 - போரோன்

வ - எ - 7 - 7 - நைட்ரஜன்

ய - அ - 8 - 8 - ஆக்ஸிஜன்

நமசிவய என்ற சொல் பிரபஞ்சத்தின் ஆதிகால தோற்றத்தின் அணுக்களுடன் தொடர்புடையது. பெரு வெடிப்பினால் (பிக் பேங்) யுனிவர்ஸ் உருவாக்கப்பட்டது என்று நவீன விஞ்ஞானிகள் மத்தியில் ஒருமித்த கருத்து உள்ளது, மேலும் வேறுபட்ட கருத்து களும் உள்ளது.

இருப்பினும், பெரு வெடிப்பு (பிக் பேங்) கோட்பாட்டின் படி, அடிப்-படை துகள்கள் தோன்றின அவைகளில் இருந்து அணுக்கள் உரு-வாகின்றன. இவ்வாறு முதன்முதலில் உருவான ஹைட்ரஜன் மற்றும் ஹீலியம் அணுக்களின் கூறுகளின் இணைப்பால் அண்ட பொருள்கள் தோன்றின. மூலக்கூறுகள் மற்றும் கலவைகள் போன்ற வற்றின் வேதிவி-னையால் பிற பொருட்கள், உயிரினங்கள் உருவானது, எனவே ஹைட்-ரஜன் மற்றும் ஹீலியம் மூல உறுப்புகளாகின்றன. பின்னர் மற்ற தனி-மங்கள் உருவாகி உள்ளது. இதனால் மொத்தம் 118 கூறுகள் உருவாகி உள்ளன.

இந்த தனிமங்கள் ஒரு கணித வரிசையில் முறையாக அமைக்கப்-பட்டிருக்கின்றன, அதாவது முதல் ஹைட்ரஜன் அணு எண்: 1 ஹீலியம்

அணு எண்: 2 மற்றும் பிற கூறுகள் வரிசைக்கிரமமாக அணு எண் 3,4,5,6......118 என தோன்றி இருக்கிறது.

இது ஓர் இயற்கையின் அற்புதம்.

இவ்வாறு வேதியியல் துறையின் படி,

அட்டவணையின் வேதியியல் தனிமங்கள்

அணு எண் 1 முதல் 118 வரை கூறுகள் உள்ளன.

நாம் இங்கு எடுத்துள்ள தனிமங்கள் முறையே ஹைட்ரஜன், ஹீலியம், போரான், நைட்ரஜன் மற்றும் ஆக்ஸிஜன். இவற்றுக்கும் நமசிவயாவின் பஞ்சாட்சர எழுத்துக்களுக்கும் உள்ள தொடர்பை நாம் அறிய உள்ளோம்.

எனவே, நமசிவய எழுத்துக்களுடன் தொடர்புடைய 1,2,5,7,8 எண்கள், இந்த அணு எண்ணைக் கொண்ட தனிமங்களைப் பற்றி விளக்கமாக அறிந்துகொள்வோம்.

ந-க-1 அணு எண்: 1 ஹைட்ரஜன் மற்றும் ம-உ-2 அணு எண்: 2 ஹீலியம்

பிக் பேங் நிகழ்ந்து அதீத வெப்பமான தீ பிழம்பு நிலையிலிருந்து அல்லது தோற்ற நிலையின் கண நொடியில் இருந்து பிரபஞ்சம் விரிவடைந்து குளிர்ந்தது. இவ்வாறு பிரபஞ்சம் குளிர்ந்ததால் விண்வெளியில் பல மாற்றங்கள் ஏற்பட்டன.

குறிப்பாக அடிப்படை துகள்கள், குவார்க்குகள் மற்றும் எலக்ட்ரான்கள் உருவாக்கப்பட்டன. பின்னர் புரோட்டான்கள் மற்றும் நியூட்ரான்கள் உருவாக்கப்பட்டன. தீ பிழம்பின் வெப்பநிலை மேலும் 380000 முதல் 500000 ஆண்டுகளில் குறைந்துவிட்டதால் எலக்ட்ரான்கள் அணுக்களால் இணைக்கப்பட்டன. இதனால் ஹைட்ரஜன் மற்றும் ஹீலியம் அணுக்கள் உருவாகின. இவைகள் ஒளி வாயுக்கள். ஹைட்ரஜன் வாயு எரியக்கூடிய மற்றும் வெடிக்கும் தன்மையுடையது. ஹீலியம் ஒரு மந்த வாயு. ஹைட்ரஜனின் முதல் அணு இரண்டாவது ஹீலியம் அணுவாக உருவானது. இது மிகவும் முக்கிய மான நிகழ்வாகும். ஹைட்ரஜன் மற்றும் ஹீலியம் இணைந்து மேகங்களை உருவாக்குகின்றன, அவை காலப்போக்கில் விண்மீன் திரள்கள், நட்சத்திரங்கள், பிற விஷயங்கள் நட்சத்திரங்களின் நியூக்ளியசிந்தஸிஸ் விளைவாக,தனிமங்கள்,மற்றும் உயிரினங்களை உருவாக்குகின்றன. பரந்த விரிவாக்கத்தில் 73% ஹைட்ரஜன் மற்றும் 25% ஹீலியம் உள்ளது. அதன் ஐசோடோப்புகள் பல அண்ட

இருப்புக்களுக்கு காரணம், சூரியன் மற்றும் பூமி. பூமியின் மேற்பரப்பில் ஹீலியம் அணுக்கள் உள்ளன.

ஹைட்ரஜன் மற்றும் ஹீலியம் முறையே 70% மற்றும் 28% சூரியனை உருவாக்குகின்றன. ஹைட்ரஜன் வாயு பூமியில் நீர் உருவாவதற்கு முதன்மைக் காரணம். அதாவது, நீர் மூலக்கூறில் உள்ள ஒரு ஆக்ஸிஜன் அணு இரண்டு ஹைட்ரஜன் அணுக்களால் பிணைக்கப்பட்டுள்ளது. இதனால் நீர் ஏற்படுகிறது. பூமியில் வாழும் உயிரினங்களின் தோற்றத்தில் நீர் முக்கிய பங்கு வகிக்கிறது. மனித உடலில் டி.என்.ஏ மற்றும் ஆர்.என்.ஏ ஆகியவற்றின் மரபணுகளுக்கு ஹைட்ரஜன் ஒரு காரணியாகும். நட்சத்திரங்களில் மூன்று (டிரபில்)- ஆல்பா செயல் முறையின் காரணமாக கார்பன் கருக்கள், ஆக்ஸிஜன் மற்றும் ஆற்றலின் நிலையான ஐசோடோப்பை உருவாக்க கூடுதல் ஹீலியத்துடன் இணைகின்றன. இங்கு குறிப்பிட வேண்டியது அனைத்துக்கும் மூலகாரணமாக வருவது ஹைட்ரஜன் என்பதாகும்.

ஹீலியம், சில காரணங்களால் ஆக்ஸிஜன் உருவாக்க கூடிய பங்களிப்பை பெறுகிறது.

ஆகவே ஹைட்ரஜன் மற்றும் ஹீலியம் போன்ற அணுக்கள் பிரபஞ்சத்தின் தோற்றத்திற்கு முக்கியமான காரணிகளாகும்.

**ஹைட்ரஜன் மற்றும் ஹீலியம் கண்டுபிடிப்பு :**

மிக இலேசான தனிமமான ஹைட்ரஜன் (வாயு) 1766 ஆம் ஆண்டு இயற்பியலாளர் ஹென்ட்ரி கேவன்டிஷ் என்பவரால் கண்டுபிடிக்கப்பட்டது. ஹீலியம் வாயு 1868 ஆம் ஆண்டில் பிரெஞ்சு வானியலாளர் ஜூல்ஸ் ஜான்சன் என்பவரால் கண்டுபிடிக்கப்பட்டது. இதை இந்தியாவில் வானவியல் ஆராய்ச்சி மேற்கொண்டபோது சூரிய கிரகண நிறமாலையில் மஞ்சள் நிற கோட்டை கண்டார். இது ஹீலியத்திற்கான முதல் சான்று ஆகும். எட்வர்ட் பிராங்க்லேண்ட் என்ற வேதியல் விஞ்ஞானி ஹீலியோஸ் என இந்த மஞ்சள் கோட்டிற்கு காரணமானதை அழைத்தார். பின்னாளில் இது ஹீலியம் வாயு என்று அழைக்கப்பட்டது.

**சி-ரு-5 அணு எண் - 5 போரான் :**

போரான் என்ற தனிமம் ஒரு திட பழுப்பு நிற பொருள். இது அண்ட கதிர்களுடன் தொடர்புடையது. காஸ்மிக் கதிர்வீச்சு என்பது பிரபஞ்சத்தில் நிகழும் அணுசக்தி எதிர்வினைகளின் தொகுப்பாகும்.

இது நியூக்ளியோசைன்டிசிஸை ஏற்படுத்துகிறது. இது சூரிய பொருள்களுக்கான காஸ்மிக் கதிர் சிதறல் (*காஸ்மிக் கதிர் இடைவெளி*) மூலம் உருவாகிறது. எனவே ஒரு பருப்பொருளின் மீது பேரண்ட கதிர்களின் மற்ற வேதியியல் கூறுகளை தோன்றுவதை குறிக்கிறது. போரான் என்ற தனிமம் மனிதர்கள், தாவரங்கள், விலங்குகள் மற்ற உயிரினங்களுக்கும் வளர்ச்சிக்கு உதவுகிறது. போரான் முக்கியமான வைட்டமின்கள் மற்றும் தாதுக்களை வளர்சிதைமாக்க பயன்படுத்தப்படுகிறது. (*போரிக் அமிலம்*). ரைபோஸ் உயிரியல் மூலமாக சர்க்கரையுடன் கூடிய கட்டமைப்பை உண்டாக்குகிறது. பல நிலப்பரப்பு தாவரங்களின் வளர்ச்சிக்கு போரனின் தடயங்கள் அவசியம். போரான் தாவரங்களின் வளர்ச்சியின் மூலம் கிடைக்கக்கூடிய இலை, காய்கள், பழங்கள், கிழங்கு, கொட்டை வகை உணவுகள், பால், என இயற்கையாக மனிதர்கள், விலங்குகள் உயிர்வாழ்க்கைக்கு உதவுகின்றது. மீன் மற்றும் இறைச்சி போன்ற உணவுகளில் மூலம் பூமி வாழ் உயிரினங்களுக்கு போரான் உயிர்சக்திக்கு தேவையான அளவில் பயன்படுகிறது.

மேலும் எலும்பு வளர்ச்சி, தாவரவளர்ச்சி, மருந்துகள் தயாரிப்பு, மனிதர்களுக்கு மூளை சிதைவிலிருந்து பாதுகாப்பு, அடினோசின் (RNA) செயல்பாடு மற்றும் NAD பயோ செயல்பாடுகளுக்கு முக்கிய பங்கு வகுக்கிறது, போரான் உயிரினங்களின் இனப்பெருக்க செயல்பாடுகளில் நன்மை விளைவிக்கும் என்று கருதப்படுகின்றது. விந்தணுக்களின் செறிவு, நோய் எதிர்ப்பு சக்தி, எஸ்டிராடியோவை திறம்பட செயல்படுத்துவதில் போரான் பணி முக்கியமானதாக விளங்குகிறது. போரான் பல சேர்மங்களாக மாறி பல பயன்களை மனிதர்களுக்கு தருகிறது.

போரிக் அமிலம் மூலமாக தீமைகளையும் நன்மைகளையும் போரான் உயிரினங்களுக்கு அளிக்கிறது.

பிரபஞ்ச கதிர்வீச்சு போன்ற தொடர்புடன் மனிதனுக்கு மறைமுகமாக உதவுகின்றது.

நவீன ஆராய்ச்சி அறிக்கைகள் பூமியில் உயிர்களின் வாழ்வின் பரிணாம வளர்ச்சியில் இது ஒரு பங்கைக் கொண்டிருந்திருக்கலாம் என்று விஞ்ஞானிகள் கருதுகிறார்கள்.

போரனின் தன்மை இன்னும் முழுமையாக புரிந்து கொள்ளப்படாத ஒரு மர்மமாகவே உள்ளது.

போரான் கண்டுபிடிப்பு :

பிரெஞ்சு வேதியியல் விஞ்ஞானிகள் ஜோசப்-லூயிஸ்,கே-லுசாக் மற்றும் லூயிஸ்-ஜாக்ஸ் தொனர்ட்,சர் ஹம்ப்ரி டேவி ஆகியோர்கள் போரானை கண்டுபிடித்தனர். வருடம்1808.

### வ-எ-7 அணு எண் -7 நைட்ரஜன் :

வளிமண்டலத்தில் நைட்ரஜன் 78% உள்ளது. இது மனித உடலில் சுமார் 3% இல் உள்ளது. பொதுவாக நைட்ரஜன் என்பது பிரபஞ்சத்தில் இயற்கையாகவே இருக்கக்கூடிய ஒரு வாயு ஆகும். தாவரங்கள் மற்றும் விலங்குகளின் வளர்ச்சி மற்றும் இனப்பெருக்கம் செய்ய உதவுகிறது. மனித உடலில் நைட்ரஜன் அமினோ அமிலங்களை உருவாக்க பயன்படுகிறது. இது புரதங்களை உருவாக்குகிறது. அமினோ அமிலங்கள் மனித உடலில் உள்ள அனைத்து புரதங்களின் கட்டுமான தொகுதிகள். மனித உடலில், குறிப்பாக முடி, தசைகள், தோல் மற்றும் திசுக்களில் கட்டமைப்பு கூறுகளின் வளர்ச்சிக்கு புரதங்கள் உதவுகின்றன. வளர்சிதை மாற்றத்திற்கு உதவுகிறது. நியூக்ளிக் அமிலங்களை உருவாக்குவதற்கும் இது தேவைப்படுகிறது. அனைத்து உயிரினங்களின் அணுக்களிலும் பரம்பரையை உள்ளடக்கியது. இவ்வாறு டி.என்.ஏ மற்றும் ஆர்.என்.ஏ ஆகியவற்றை உருவாக்குகிறது. டி.என்.ஏ நான்கு நைட்ரஜன் கூறுகளைக் கொண்டுள்ளது, அதாவது அடினீன், சைட்டோசின், குவானைன் மற்றும் தைமைன். எனவே, நைட்ரஜன் பங்களிப்பில் டி.என்.ஏ மூலக்கூறுகளின் தோற்றம் மனித பரிணாம வளர்ச்சியில் ஒரு முக்கிய காரணியாகும்.

சுற்றுச்சூழலில் உள்ள கரிம மூலக்கூறுகளில் நைட்ரஜன் ஏராளமாக இருந்தாலும், அதை மனிதர்கள் நேரடியாக காற்று அல்லது மண்ணிலிருந்து பயன்படுத்த முடியாது. இயற்கை சுழற்சிகள் மூலம் காற்று, மண், நீர் மற்றும் பச்சை தாவரங்கள் போன்ற ரசாயன நுண்ணுயிரிகளின் மூலம் மனிதர்கள் இதைப் பெற முடியும்.

எனவே உயிரினத்தின் ஒட்டுமொத்த வளர்ச்சிக்கு நைட்ரஜனின் பங்கு முக்கியமானது.

### நைட்ரஜன் கண்டுபிடிப்பு :

நைட்ரஜன் 1772 ஆம் ஆண்டு டேனியல் ரூதர் போர்ட் கண்டுபிடித்தார். இவர் ஸ்காட்லாந்து நாட்டை சேர்ந்த அறிவியல் விஞ்ஞானியாவார்.

### ய-அ-8 அணு எண் - 8 ஆக்ஸிஜன் :

பூமியில் வாழும் உயிரினங்கள் வாழ்வதற்கு ஆக்ஸிஜன் முக்கியமானது. இந்த காற்றை சுவாசிப்பதன் மூலம் மட்டுமே உயிரினங்கள் வாழ முடியும். இது பிராண வாயு என்றும் அழைக்கப்படுகிறது. இது தவிர பிரபஞ்சத்தில் சுவாசிக்க மாற்று காற்று இல்லை. ஆனால், தாவரங்கள் ஒளிச்சேர்க்கை செய்கின்றன. அவை காற்றிலிருந்து கார்பன் டை ஆக்சைடைப் பெற்று பூமியிலிருந்து தண்ணீரை உறிஞ்சுவதன் மூலம் உயிர்வாழ்கின்றன. பிரபஞ்சத்தில் ஆக்ஸிஜன் மிகவும் அதிகமாக உள்ள மூன்றாவது வாயு ஆகும். வளிமண்டலத்தில் 21% என்ற விகிதத்தில் மற்றும் இது பூமியின் மேற்பரப்பில் கிட்டத்தட்ட எடையளவில் 49% ஆகும். கூடுதலாக, பெருங்கடல்களில் எடையளவில் 89% ஆக்சிஜன் ஆகும். நீரில் கரைந்த ஆக்ஸிஜனை சுவாசிப்பதன் மூலம் நீர்வாழ் உயிரினங்கள் வாழ்கின்றன. ஆக்ஸிஜன் பெரும்பாலான கூறுகள் மற்றும் சேர்மங்களுடன் வினைபுரிகிறது.

மனிதர்களின் மற்றும் பிற உயிரினங்களில் உள்ள புரதங்கள், கார்போஹைட்ரேட்டுகள் மற்றும் கொழுப்புகள் போன்ற அவற்றின் கட்டமைப்பு கூறுகளின் வளர்ச்சிக்கு மூலக்கூறுகளின் அனைத்து செயல்பாடுகளுக்கும் ஆக்ஸிஜன் வாயு முக்கிய காரணம். ஹைட்ரஜன் மற்றும் ஆக்ஸிஜன் ($H_2O$) ஆகியவை நீர் உருவாவதற்கு முக்கிய காரணமாகும். DNA மூலக்கூறு உருவாக ஆக்சிஜனும் மற்ற மூலக் கூறுகளுடன் பங்கு எடுத்துக்கொள்கின்றது. வேதிவினை காரணமாக ஆக்சிஜனேற்றம்,ஆக்சிஜன் ஒடுக்கம்,ஆக்சிஜனேற்ற-ஒடுக்கவினைகள், போட்டோசிந்தஸிஸ் என பல செயல்பாடுகள் பூமியில் நிகழ்கின்றது. இதன் விளைவாக ஆக்சிஜன் ஒரு நிலை பெற்று (*ஸ்திர தன்மையுடன்*) பூமியின் வளி மண்டலத்தில் உலாவுகிறது. நீர் நிலைகளில் வசிக்கும் சயனோபாக்டீரியாவின் ஒளி சேர்க்கை மூலமும் மற்ற உயிரினங்களின் அடிப்படை வாழ்வியல் முறையை சார்ந்தும் பூமியின் வளிமண்டலத்தில் ஆக்சிஜன் உண்டாக்குகிறது.

**ஆக்சிஜன் கண்டுபிடிப்பு :**

1774 ஆம் வருடம் சோசப் பிரீசிட்லி ஆக்சிஜனை கண்டுபிடித்தார். இவர் இங்கிலாந்து நாட்டில் பிறந்தவர்.

**இந்த நமசிவய (பஞ்சாட்சரம்) தலைப்பின் ஆய்வின் முடிவு அறிக்கை :**

திருமூலர் அபூர்வ சக்தி உடையவராக இருந்தார். முனிவர் அல்லது சித்தர் அல்லது தத்துவ ஞானி என இவரை அழைக்கலாம். மிகச் சிறந்த யோகியான இவருடைய கருத்துக்கள் அக விழிப்புணர்வு மூலம் தெரிவிக்கப்பட்டது. திருமந்திரம் இலை மறை காய் போல மறைத்து பல கருத்துக்களை கற்பிக்கும் அறிவு களஞ்சியமாக திகழ்கின்றது.அவர் கூறிய மெய்யானவற்றை நவீன கால விஞ்ஞான கருத்துக்களுடன் ஒப்பிட்டு ஆராய்வது சிறந்ததொரு ஆராய்ச்சியாகும். பிரபஞ்சம் உருவாவதற்கு முன்பும், உருவான பின்பும் நாம் உடலில் உள்ள கூறுகள் இருந்திருக்கின்றது. இதையே பிரபஞ்ச ஆற்றலுக்கு அழிவு இல்லை என திருமூலர் குறிப்பிடுகிறார்.

மேலும், தத்துவஞானிகள் மற்றும் யோகிகள் மனிதனின் எண்ண ஓட்டங்களை உணர்ந்தவர்களாக விளங்கினர். எனவே தங்கள் கற்ற,உணர்ந்தவற்றை மறைமுகமாக மற்றவர்களுக்கு,விளக்குவதில் திறன் பெற்று இருந்தனர். இதை சிறந்த கல்விமான்களால் மட்டுமே புரியும் படி இயற்றப்பட்டது. ஆகவே பண்டைய நூல்கள்,தத்துவங்களை இலக்கணரீதியாக விளக்கியது, தகுதி இல்லாதவர்களுக்கு புரிந்தால் விபரீதம் ஏற்படும் என கருதினர்.

இதனால், பிரபஞ்சத்தின் மிக முக்கியமான தனிமங்களை திருமூலர் தனது சிந்தனையின் மூலம் குறிப்பால் உணர்த்தியிருக்கலாம் அல்லவா ?

இந்த கூறுகளை உணர்ந்து அதை நமசிவய என்கின்ற மந்திர வார்த்தையை பயன்படுத்தி அதை பஞ்சாட்சரம் என்று அழைக்கவும் செய்தார்.

நமசிவய என்பதை குறிக்கும் தமிழ் எண்கள் க-உ-ரு-ய-அ, இது நவீன எண்களான 1,2,5,7,8 உடன் ஒத்துள்ளது

1,2,5,7,8 என்பது அந்தந்த அணு எண்களைக் கொண்ட தனிமங்களை குறிக்கிறது.

அவர் தெரிவித்திருந்த தமிழ் எண்களை, நான் நவீனகால அணு எண்களுடன் தொடர்புபடுத்தி மேற்கூறியவற்றை ஆராய்வு செய்துள்ளேன். அந்த ஆராய்வின் முடிவில் அந்த தமிழ் எண்கள், தற்கால அணு எண் கொண்ட தனிமங்களுடன் ஒத்துப்போகிறது என்று கண்டுபிடித்தேன் .இது என்னுடைய கண்டுபிடிப்பு என்பதை தெரிவிக்கிறேன்.

இது ஆச்சரியமான ஒன்று.

### அணுவை பிரிப்பது பற்றிய திருமூலர் பார்வை :

திருமூலர் அணுவின் தன்மை குறித்து அறிந்திருந்தார். அணு தன்னுள் உள்ளுறைந்து விளங்கும் நுண்ணிய பகுதியை பரமாணு என்றும், பரமாணுவின் உள் பகுதியை மிக மிக நுண்ணிய பகுதி என்கிறார்.

### உலகில் அணுவை பற்றி ஆராய்ந்தவர்கள் :

இந்தியாவை சேர்ந்த பண்டைய காலகானடாவின் கருத்து படி, ஒரு பொருளை சிறிய சிறிய துண்டுகளாக பிரிக்கத் தொடக்கி அதை மேற்கொண்டு பிரிக்கமுடியாத நிலையை எட்டும் அப்பகுதி பரமணு அல்லது அணு என்று கூறினார். அணுக்கள் கோள வடிவம் என்கிறார்.

மேலும் வெப்பம் போன்ற பிற காரணிகளின் மூலம் வேதியல் மாற்றங்களை உண்டாக்கி அணுக்களை இணைக்கலாம் என்றும் கூறுகிறார்.

இந்தியாவை சேர்ந்த மற்றொரு சித்தர் (தவயோகி) திருமூலர் அணுவை மிகச் சிறிய நுண்ணியதான பொருள் என்கிறார். அணுவை பகுக்க முடியும் என்று கூறி, அதற்கான முறையை கணித வடிவில் விளக்குகிறார்.

கிரேக்க தத்துவஞானிகள் லூசிபஸின் மற்றும் டெமாக்ரிட்டஸ் போன்றோர்கள் அணுவை பற்றி கருத்துக்கள் தெரிவித்து இருக்கின்றனர்.

### லூசிபஸின் கருத்துக்கள் :

பொருள்கள் அனைத்துமே அணுக்கள் ஆகும். இதை அழிக்கவோ, பிரிக்கவோ இயலாது என்கிறார்.

### டெமாக்ரிட்டஸ் :

பொருள்கள் அனைத்துமே அணுக்களால் ஆனது. இதை அழிக்கவோ, பிரிக்கவோ இயலாது. அணுக்களுக்கு இடையே இடம் இருக்கிறது என்கிறார். மேலும் சில கருத்துக்களை தெரிவித்து இருக்கிறார்.

19ம் நூற்றாண்டில் தொடக்கத்தில் இருந்து அணுவை ஆராய்வதில் பல அறிவியல் அறிஞர்கள் தங்கள் சிந்தையில் உதித்த புதிய கருத்து தோன்றல் மூலம் நவீன கால அணு கொள்கைகள் உருவாக்கினர். ஒரு அணு விஞ்ஞானியால் அணு கொள்கை வகுக்கப்பட்டு நடைமுறையில் அறிமுகம், நடந்த பின் அதன் மீது எதிர்கொள்கை, ஒப்புதல் என்று தர்க்கம் நிகழ்கின்றது.

இந்த தர்க்கத்தால் புதிய ஆராய்ச்சிகளின்படி, புதிய அணுக்கொள்கைகள் உருவாகின. இந்த நிலையின் தொடர் நிகழ்வின் விளைவாக மீண்டும் புதிய அணு கொள்கைகள் வரையறுக்கப்படுகிறது. நவீன கால

விஞ்ஞானம் அணுவின் தோற்றம்,அணுவின் தன்மை,தனிமங்கள்,வேதி-யியல் பண்பு, ஐசோடோப்புகள்,அதன் ஆற்றல், ஆரம்,எடை, பருப்-பொருள், உயிரினங்கள்,மற்றும் பேரண்டதில் அதன் தாக்கம், புதிய அணு கோட்பாடுகள் என்று பலவையும் பத்தொன்பதாம் நூற்றாண்டுக்குப் பிறகு நவீன கருவிகளுடன் கண்டுபிடிக்கப்பட்டது. அதற்கு பின் அணு ஆராய்ச்சி என்பது மேலும் துரிதமாக மேற்கொள்ளப்பட்டது.

இதன் விளைவாக,

அணுவின் மையமான அணுக்கருவை எர்னஸ்ட் ரூதர் போர்டு என்பவர் கண்டுபிடித்தார் .இவர் இங்கிலாந்து நாட்டை சேர்ந்த ஒரு சிறந்த இயற்பியலார். எர்னஸ்ட் ரூதர்போர்டு அணுக்கரு இயற்பியல் தந்தை என அழைக்கப்பட்டார். நவீன ஆய்வு கருவிகளை பயன்படுத்தி ஆல்பா துகள்களை செலுத்தி ஆராய்வு மேற்கொண்டபோது மிக முக்-கிய அணுவை பற்றி ஒரு உண்மையை கண்டறிந்தார். இந்த ஆய்வின் மூலம் அணுவின் மையத்தில் மிக மிகச் சிறிய உருவத்தில் அதிக நேர் மின்சுமை கொண்ட உட் கரு (*நியூக்ளியஸ்*) உள்ளது என்பதை கண்-டுபிடித்தார். மேலும் அணுவின் உட் கருவை எலக்ட்ரான் சுற்றி வரு-கின்றன என்றார். அணுவின் அமைப்பு பற்றிய புதிய ஆராய்வுக்காக இவருக்கு 1908 ஆம் ஆண்டு நோபல் பரிசை வழங்கினார்கள்.

ஜான் டால்டன் என்னும் இயற்பியலார் 1803ல் அவருடைய அணுக்கொள்கையை வெளியிட்டார். இவர் இங்கிலாந்து நாட்டை சேர்ந்தவர் நவீன கால அணுக்கோட்பாடை விளக்கியவராவார். எந்த ஒரு பொருளிலும் அடங்கியுள்ள மிக மிகச் சிறிய நுண்ணிய துகளையே அணு எனவும் பலதரப்பட்ட பருப்பொருள்கள் மிகச் சிறிய பிரிக்க முடி-யாத துகள்களால் (*அணுக்களால்*)ஆக்கப்பட்டது. அணுக்களை ஆக்-கவோ ,அழிக்கவோ முடியாது என்று கருதினர். மேலும் அணுவின் தனிமம்,வேதிவினை என அதன் தன்மைகளை கூறுகின்றார்.

**நீல்ஸ் போர் அணு கொள்கை:**

நீல்ஸ் போர் இவர் டென்மார்க் நாட்டை சேர்ந்தவர். 1922 ஆம் ஆண்டு இயற்பியலுக்கான நோபல் பரிசுப் பெற்றார். எலக்ட்ரான் எதிர்-மறை சுமை(*சார்ஜ்*) கொண்டது.எலக்ட்ரான் ஆற்றல், சுற்றுப்-பாதை,கதிர்வீச்சு ஆகியவைகளை சார்ந்தது என விளக்குகிறார். அணு-வில் உள்ள ஒரு நிலையான சுற்று வட்ட பாதையில் அணுக்கருவைச் சுற்றுகின்றது. அதன் ஆர்பிட், அதாவது எலக்ட்ரான் உட்கருவை சுற்றி

வரும் வட்டப்பாதை. இதனுடைய வட்டப்பாதையின் அளவில்,அதன் ஆற்றல் மாறுபடும். மேலும் பல அணுவின் செயல்பாடுகளை விவரிக்-கின்றார்.

**மேலும்,அணுவை ஆராய்ச்சி செய்தவர்கள் :**

அவகாட்ரோ,ஜே.ஜே.தாம்சன்,காக்ராப்ட்,எர்னஸ்ட் வால்டன்,ராபர்ட் பிரவுன்,ஆல்பர்ட் ஐன்ஸ்டின், ஆர்.ஸ்டீபன் பெர்ரி,பிரடேரிக் சோடி,வெர்-னர் ஹைசன் பெர்க்,எர்வின் ஷ்ரோடிஸ்ங்கர்,ஜேம்ஸ் சாட்விக், ஓட்டோ ஹான், போன்றோர்கள்,மேலும் பட்டியலில் பெயர்கள் விடுபட்டவர்கள் என நீள்கிறது. இன்று வரை இதைப் பற்றி மேலும் ஆராயப்படுகிறது.

இதில் விடுபட்ட பெயர்களில் குறிப்பிடத்தக்கவர் இந்தியாவை சேர்ந்த பண்டைய முனிவர் திருமூலர் ஆவார். இவர் அக்காலத்திலேயே அணுவின் தோற்றத்தையும், அணுவை பிரிக்க முடியும் என்றும் விளக்-குகிறார். பிரபஞ்சத்தில் அணுக்களால் விளைந்தவைகளை திருமூலர் அறிந்தும் இருந்தார்.

நவீன அணு கோட்பாடுகள் அணுவை பிரிக்க முடியாது எனவும், பின்னர் நவீன கருவிகளின் உதவியுடன் அணுவை பிரிக்க முடியும் என்பதை அறிந்து அணுவை 1932 ஆம் ஆண்டில் ஜான் காக்ராப்ட் மற்றும் எர்னஸ்ட் வால்டன் ஆகியோர் முதல் முறையாக அணுவை பிரித்தனர்.

திருமூலர் அணுவின் துல்லியமான அளவை பெற ஒரு பருப்பொ-ருளை எடுத்துக்கொண்டு அதை எந்த முறையை பயன்படுத்தி அப்பொ-ருளில் அணுவை காணலாம் என கூறுகிறார்.

இதனால் அவரின் இந்த முறையில் தீர்க்கமான அறிவு திறன்,சிறந்த கணித திறனும் புலப்படுகின்றது.

அந்த முறையின் படி,தான் கீழ்வரும் பகுதியில் அணு வை பிரிப்பது பற்றியும் அதன் அளவையும் மிகத் தெளிவாக விளக்குகிறார்.

திருமூலரின் திருமந்திரம் என்னும் நூலில் ஏழாம் தந்திரதில் அணு-வைப் பற்றிய குறிப்பு பாடல் 2008 ல் உள்ளது.

அணுவில் அணுவினை ஆதிப் பிரானை
அணுவில் அணுவினை ஆயிரம் கூறிட்டு
அணுவில் அணுவை அணுக வல்லார்கட்கு
அணுவில் அணுவை அணுகலும் ஆமே.

**பொருள் :**

அணுவுக்குள் அணுவாக இருக்கும் பரமாணு (*மிக நுண்ணிய அணு*) அந்த அணுவை ஆயிரமாக பகுத்தால் (*துண்டாக்கி*) அப் பகுதி ஆதி மூல காரண கருப் பொருள் ஆகும்.

திருமூலர் கூறிய, இக்கருத்தின் அடிப்படையாக கொண்டு:

என்னுடைய விளக்கம் இங்கே,

ஹீலியம் அணுவின் உட் கருவான நியூக்ளியஸ் அளவு 1 பெம்டோ மீட்டர் (femtometer) இதை ஆயிரமாக பிரித்தால் அதன் அளவு அட்டோ மீட்டர் (Attometer) ஆகும்.

திருமூலர் கூறிய அணுவுக்குள் அணு என்ற முறையில் அணுவின் அடிப்படை துகள் குர்க்ஸ் (Quarks) என்பதாகும்.

இதன் அளவு,

அதாவது, 0.000000000000000001 அல்லது $1*10^{-18}$ என்ற மிக,மிக நுண்ணிய அளவாகும். இந்த நுண்ணிய அளவு குவார்க்ஸ் என்ற அடிப்படை துகளை குறிக்கும்.

அணுவிற்குள் உள்ள அணுவை குவார்க்ஸ் துகளை ஆயிரமாக பிரித்தால் கிடைக்கும் அளவு, $1e^{-21}$

$1e^{-21}$ என்பது 0.000000000000000000001 (zeptometre) செப்ட்டோமீட்டர் என்ற அளவில் வரும் பிரியோன் (preons) என்ற அடிப்படை துகளை குறிக்கும்.

பல அடிப்படை துகள்கள் பிரபஞ்சத்தில் உள்ளன.

இந்த அடிப்படை துகள்களில் இருந்து தான் அணு உருவாகியது.

இந்த வடிவத்தில் அணு (*அடிப்படை துகள்கள்*) ஆற்றல் மற்றும் ஒளியின் தோற்றத்தில் இருக்கும். அதன் காட்சி காண பொன்னிறமான ஒளியாக இருக்கும். இந்திய தத்துவஞானிகள் அணுவை பற்றிய ரகசியங்களை உணர்ந்தவர்களாக இருந்தார்கள்.

ஆகவே, அணு ஒளி வடிவம்,ஒலி மற்றும் அபிரிதமான சக்தியுடையது என கூறினர். இந்த அணு வடிவமும் இறைவனே என்றனர். திருமூலரும் இந்த விளக்கத்தை ஆமோதிக்கின்றார். இறைவனே சக்தியாகவும்,ஒளியாகவும் இருக்கிறார். ஒளி அணுக்கள் தொடர்பு இதை விளங்குவதால் நன்றாக புரிந்து கொள்ள முடியும்,ஒளியை பற்றி சிறந்த விஞ்ஞானியான நிக்கோல டெஸ்லா இதன் ரகசியத்தை கிறிஸ்து மற்ற சிலரும் அறிந்திருந்தனர் என கூறுகிறார். பல மதங்களில் ஒளியாக

இறைவனை கருதுகிறார்கள். மேலும் ஒளிக்கு முக்கியத்துவம் தரப்படுகிறது. பூமியில் உயிரினங்கள் வாழ சூரிய ஒளி தேவைப்படுகிறது. மனிதன் மற்ற உயிரினங்கள் கண் கொண்டு காண ஒளி தேவை.(*போட்டான்*) ஒளி அலைகளாகவும், பர்ட்டிகல்ஸ்களாகவும் இருக்கிறது. ஒளியும் அணுவும் சேர்ந்தே இருக்கும்.

**பரமஹம்ஸ யோகானந்தர் ஒரு யோகியின் சுயசரிதம் என்னும் நூலில் கீழ்வருவனவற்றை விளக்குகிறார்:**

பேரண்டத்தில் கோடிக்கணக்கான மர்மங்கள் இருக்கின்றது இவைகளில் ஒளி என்பது இந்த மர்மங்களில் மிக்க அதிசயமனதாக விளங்குகின்றது. பிரபஞ்சத்தில் ஒளி அலைகள் எங்கும் பாய்கின்றன.அலைவரிசை கோட்பாட்டின் படி ஒளி அலைகள் பரவுவதற்கேற்றவாறு,கிரகங்களிடையே ஈதர் எனப்படும் ஆகாயவெளி ஊடகமாக இருப்பதாக ஊகித்து தெரிவிக்கப்படுகிறது.ஐன்ஸ்டனின் கொள்கை படி,அண்ட வெளில் வடிவ இயல் பண்புகளின்படி,ஈதர் தத்துவம் தேவையற்றதென ஓதிக்கிவிடலாம். எவ்வகையான கொள்கையின் படி, பின்பற்றி பார்த்தாலும் ஒளி மிக சூட்சுமானதாகவும், எந்த ஒரு இயற்கை பொருளையும் சாராமல்,சுதந்திரமாக இருக்கிறது என்கிறார்.

மேலும், மின்னணு (*எலக்ட்ரான்*) பற்றி அறிவியல் விஞ்ஞானிகள் கண்டுபிடிப்பை விளக்குகிறார். சமீபத்தில் உருவாக்கப்பட்ட ஒரு மின்னணு உருப்பெருக்கியின் மூல அணுக்கள் ஒளிமயமானவை என்பது இயற்கையின் தப்ப முடியாத இருமைத் தத்துவம் நிச்சயமான முறையில் நிரூபிக்கப்பட்டு உள்ளது. 1937 ஆம் ஆண்டுவாக்கில் நடைபெற்ற விஞ்ஞான முன்னறத்திற்கான அமெரிக்க சபையின் ஒரு கூட்டத்தில் அதிநவீன மின்னணு உருப்பெருக்கியை இயக்கிக் காட்டியதைப் பற்றி நியூ யார்க் டைம்ஸ் என்ற பத்திரிகை அணுவைப் பற்றி ஒரு அறிக்கையை வெளியிட்டது.

அது என்னவெனில், அணுவின் அதன் உள்ளார்ந்த பண்பை பின்வருமாறு விளக்கியது.

டங்ஸ்டனின் படிக அமைப்பு,எக்ஸ்ரேக்கள் மூலமாக மறைமுகமாக இந்த நாள் வரை அறியப்பட்டு வந்தது. ஆனால் இப்போது ஒளியுமிழ் திரையில் அதன் அமைப்பு மிகத் தெளிவாக வெளியாயிற்று.இதில் அதன் ஒன்பது அணுக்களும் ஒவ்வொரு மூலையிலும் ஓர் அணுவும் நடுவில் ஓர் அணுவுமாக அமைந்த கன சதுர சட்டவெளியில் அதற்-

குரிய சரியான இடங்களில் தோன்றின. டங்ஸ்டன் அணுக்கள் படிக சட்டத்தில் வடிவியல் கணித (Geometry) முறைப்படி அமைக்கப்பட்ட ஒளி புள்ளிகளாக ஒளியுமிழ் திரையில் தோற்றமளித்தன. இந்த கன சதுர ஒளிப்படிகத்திற்கு எதிராக மோதும் காற்றின் மூலக்கூறுகள், நீரின் அலையசைவில் மின்னும் சூரிய ஒளிப்புள்ளிகளைப் போல் நடனமாடும் ஒளிப்புள்ளிகளாக தெரிந்தன.

மின்னணு உருப்பெருக்கயின் தத்துவம் முதல் முறையாக 1927ஆம் ஆண்டு நியூ யார்க் பெல் டெலிபோன் ஆராய்ச்சி கூடத்தைச் சேர்ந்த டாக்டர்கள் கிளின்டன் ஜே.டேவிஸன் மற்றும் லெஸ்டர் எச் ஜெர்மன் என்பவர்களால் கண்டுபிடிக்கப்பட்டது. இந்த சிறந்த ஆராய்வின் விளைவாக மின்னணு,ஒரு துகள் மற்றும் அலையின் குணங்களைப் பெற்ற இரட்டைப் பண்புகளையுடையது எனக் கண்டார்கள்.அலைத்தன்மை மின்னணுவிற்கு ஒளியின் சிறப்புப் பண்பபை வெளிக்காட்டியது.

எனவே,ஒரு ஆடியின் மூலம் ஒளிக்கதிர்களை ஒரு முனைப்படுத்துவது போல் மின் அணுக்களை ஒருமுனைப்படுத்துவதும் வழிகள் ஆராய்வுகள் மேற்கொள்ளப்பட்டன. மின்னணுவின் "ஜெகில்-ஹைட்" பண்பை; அதாவது, பௌதிக இயற்கையின் முழுப்பரப்பும் இரட்டை பண்புடையதாக இருக்கிறது என்ற சிறந்த கண்டுபிடிப்புக்காக டாக்டர் டேவிஸன் என்பவருக்கு இயற்பியலில் உலகில் மதிப்பு வாய்ந்த நோபல் பரிசு வழங்கப்பட்டது.

ஐன்ஸ்டைன் பிரபஞ்சத்தில் நிரந்திரமான ஒளியின் வேகம் 186000 மைல்கள் (300000 *கிலோமீட்டர்*) என்று தன்னுடைய கணித அறிவுத்திறன் மூலம் நிரூபிக்கிறார். அறிவில் சிறந்த அறிவியலாளர்கள் அணு என்பது பொருள் அல்ல; ஆனால்,அது சக்தியே அந்த அணுசக்தி அடிப்படையில் மன-மூலப் பொருளே என்று துணிவுடன் வலியுறுத்துகின்றனர்.

மேலும்,படைப்பின் சாரமே ஒளி தான் என்பதை அக விழிப்புணர்வு (*மெய்யுணர்வு*) மூலம் உணர்ந்து கொண்ட எந்த மனிதனாலும் அதிசயங்களின் விதிமுறைகளைச் செயல்படுத்த முடியும்.ஒளியின் அதிசயத்தைப் பற்றி தன்னுடைய தெய்வீக அறிவை பயன்படுத்தி எங்கும் நிறைந்த ஒளி அணுக்களை நினைத்த மாத்திரத்தில் தெரியக் கூடிய உருவங்களாக வெளிப்படுத்தும் திறனை ஒரு மகான் பெற்று இருக்கிறார். வெளிப்படுத்தப்படும் உருவம் எதுவாக வேண்டுமானாலும் - அது ஒரு

மரமாகவோ, மருந்தாகவோ அல்லது ஒரு மனித உடலாகவோ இருக்கலாம் அதற்குரிய நிகழ்வு அந்த யோகியின் விருப்பத்தையும், அவருடைய இச்சா சக்தியையும் உருவாக கற்பனை சக்தியையும் பொறுத்திருக்கிறது.

இங்கே ஒரு முக்கியமான நிகழ்வு விளக்கப்படுகிறது. இந்த நூலின் முற்பகுதியில் திருமூலர் இறந்த மூலன் என்பவனது உடம்பில் தன்னுயிரை புகுத்தினார் என்பதை கண்டோம். மேலே பரமஹம்ஸ யோகானந்தர் இதை தான் விளக்கியுள்ளார். திருமூலர் அட்டமா சித்தியை பயன்படுத்தி தான் நினைத்த உடலில் புகுந்தார் என்பது யோகிகளுக்கு நிகழக்கூடிய ஒன்றாகும்.

### அட்டமாசித்திஎன்றால்என்ன ?

சித்தர்கள் யோகா பயிற்சியில் இறுதியாக ஒரு அற்புதசக்தியை பெறுவதாகும். இந்த பயிற்சியால் சித்தர்கள் பிரபஞ்ச சக்திகள் சிலவற்றை கட்டுப்படுத்தும் திறனை அடைகிறார்கள். எட்டு வித சித்தி எனவும் அழைக்கப்படுகிறது. இது அபூர்வ ஆற்றலுடையது. இந்தியாவில் சக்தி வாய்ந்த யோகிகள் இந்த கலையை கற்றனர். இந்தியாவில் தோன்றிய பதஞ்சலி என்பவர் மிகச் சிறந்த யோகியாவார். இவரே யோக தத்துவத்தை உருவாக்கியவர். பதஞ்சலிமுனிவரின் யோக நூலில் இது பற்றி மிகச் சிறப்பாக விளக்கப்பட்டுள்ளது.

அட்டமா சித்திகள் (எட்டு சித்திகள்) யாவை ?

1. அணிமா: ஒருவர் உருவ வடிவத்தை அணுவின் அளவிற்கு மாறும் தன்மையை அடைதல். (சுருங்குதல்)

2. மகிமா : பெரிய வடிவத்தை பெறுவது. (விரிவாகுதல்)

3. இலகிமா : காற்றை போல எடையற்றதாக மாறுவது . (எடை இல்லாமல் இருப்பது)

4. கரிமா : அசைக்க முடியாத வகையில் கனமான இயல்பை பெறுதல்.

5. பிராப்தி : நினைத்த இடங்களில் தோன்றுவது.

6. பிரகாமியம் : தான் உயிரை உடலை விட்டு வெளியேற்றி பிற உயிரி னங்களின் உடலில் புகுவது.

(கூடு விட்டு கூடு பாய்வது )

7. ஈசத்துவம் : விரும்பியவற்றை மேற்கொள்ளுதல்.

8. வசித்துவம் : எல்லா செயல்களையும் வசியப்படுத்துவது.

என மேற்கூறிய எட்டு சித்திகள் ஆகும்.

**ஒளியை பற்றி மற்றொரு மர்மமான ஒரு தகவல் :**

வேற்றுலகவாசிகள் பற்றி தொன்மையான நாகரிகங்களில் இருந்து இன்றைய காலம் வரை ஆர்வம் உண்டு. பெரும்பாலும் அவர்களைப் பற்றிய தகவல்களில் ஒளியாக இருந்தனர், வானில் இருந்து வந்தனர் என்பதே.

மேலும் வேற்றுலகவாசிகள் பூமியில் இருக்கிற பிரபஞ்ச விதி முறைகளுக்கு கட்டுப்பட்டவர்களாக இல்லை. பூமியில் உள்ள பொருள்களை ஒளியாக ஊடுருவி வந்தனர் என்று நேரில் அவர்களால் சந்திக்கப்பட்டவர்கள் தகவல் அளிக்கிறார்கள். அதே போல் வேற்றுலகவாசிகள் வந்த வான் ஊர்திகள் ஒளியாகவே தென்பட்டது எனவும்,அதன் வேகம் அளப்பரியதாக இருந்தது என்றும் கூறுகிறார்கள், வேற்றுலகவாசிகள் பற்றி பல உலக நாடுகள் ஆதாரம் வைத்துள்ளது. இன்றும் இது பற்றி ஆராய்வுகள் மேற்கொண்டு வருகிறார்கள்.

ஏன் வேற்றுலகவாசிகள் பற்றி இங்கு குறிப்பிடவேண்டியிருக்கிறது.

நமது பூமியில் வாழ்ந்த பலர் ஒளி உடம்புடன் காணப்பட்டு இருக்கிறார்கள். இதற்கு ஆதாரமாக பண்டைய கால நூல்கள்,கல்வெட்டுகள்,ஓவியங்கள். சிறந்த யோகிகள் மூலம் தெரிய வருகின்றது. யோகிகள் அணுவின் இயல்பை மாற்றும் திறன் படைத்தவர்களாக விளங்கினார்கள்.வேற்றுலகவாசிகள் தங்கள் உடம்பில் உள்ள அணுக்களை ஒளியாக மாற்றி அல்லது மனிதன் அறியாத தொழில் நுட்பத்தை பயன்படுத்தி பூமியில் ஊடுருவி வந்து இருக்கலாம். அவர்கள் பொருள்களை ஊடுருவும் திறன் பெற்று இருக்கலாம்.

எனவே,திருமூலரும் இம் மாதிரி தன்னுயிரை மற்றொரு உடம்பில் புகுத்தி இருக்கலாம் அல்லவா? முன் காலத்தில் இச் செயல் நடைபெற்று இருக்கிறது. இது மனிதனால் முடியும், எதிர்காலத்தில் இது போல நிகழலாம். இந்த பிரபஞ்சத்தில் எதுவமே சாத்தியம். அது உதவி புரியும். பல நிகழ்ந்தும் உள்ளன.

ஆகவே,திருமூலர் ஒளி,அணு ரகசியம் அறிந்து அதை எப்படி பயன்படுத்துவது என்று உணர்ந்து இருந்தார் என்பது புலப்படுகின்றது.

திருமூலரின் சிறப்பை விளக்கவே ஒளி மற்றும் அணுவின் தொடர்பு விளக்கப்பட்டது.

மேலும் மிக முக்கியான இரண்டு பற்றி விளக்க இருக்கிறேன்.

1. ஒளி.

2. சக்தி.

அடிப்படை துகள்கள் உட்புறம் சக்தியும் உட்புறம் ஒளியும் உள்ளது என்பதை இன்றைய விஞ்ஞானம் மிகத் தெளிவாக விளக்குகிறது. நமது பிரபஞ்சத்தில் உருவாகி இருக்கிற அனைத்து ஜட பொருள்கள், உயிரினங்கள் ஆகியவற்றிக்கு இந்த பேராற்றல் காரணமாகின்றது.

குறிப்பு :

1. மேற்கண்ட சில விளக்கம் புரிதலுக்காக மட்டுமே கொடுக்கப்பட்டுள்ளது. இதில் மாற்றம் இருக்கலாம்.

2. ஹைட்ரஜன் அணுவின் அளவு 120 பைகோ மீட்டர்.

அடுத்த பகுதி,

ஒரு பருப்பொருளை பிரித்து உயிரை அடைவதை திருமூலர் விளக்குகிறார்.

மேலும் 2011 வது வசனத்தில் தனது திருமந்திரத்தில் கொடுத்துள்ளார்.

மேவிய சீவன் வடிவது சொல்லிடில்
கோவின் மயிர் ஒன்று நூறுடன் கூறிட்டு
மேவிய கூறது ஆயிரம் ஆயினால்
ஆவியின் கூறு நூறாயிரத்து ஒன்றே.

**இதன் விளக்கம் :**

ஒரு பசுவின் ஒரு முடியை எடுத்துக்கொண்டு,அதை நூறாக வெட்டி அதிலிருந்து ஒன்றை எடுத்து, ஆயிரமாக வெட்டி, ஆயிரம் முடிகளில் இருந்து ஒன்றை எடுத்து ஒரு லட்சம் பகுதிகளாக வெட்டினால், கிடைக்கும் முடியின் அளவு உயிரின் அளவை குறிக்கின்றது.

இது எப்படி என்பதை கீழே கணித முறையில் அறிவோம்.

பசுவின் முடி அளவு = 100 மைக்ரான்

100 மைக்ரான் 0.1 மில்லிமீட்டர்

திருமூலரின் கூற்றுப்படி,

ஒரு பசுவின் முடியை நூறு பகுதியாக பகுத்தால் அதன் அளவு 0.1 / 100 = 0.001 மி.மீ.

0.001 மிமீ அளவுள்ள முடியிலிருந்து ஒரு பகுதியை எடுத்து 1000, என்ற எண்ணிக்கையில் பிரித்தால்,

0.001 மிமீ / 1000 மிமீ = 0.000001 மிமீ என பிரிக்கப்படும்,

மேலும், 0.000001 மிமீ அளவுள்ள ஒரு முடியை எடுத்து மீண்டும் அதை 100000 பகுதியாக பிரித்தால்,

அதாவது 0.000001 மிமீ / 100000 மிமீ = 0.00000000001 மிமீ. என்ற அளவுள்ள வடிவம் கிடைக்கும்.

திருமூலர் கூறுகையில், உயிரின் அளவு (உருவம்) 0.00000000001 மி.மீ அல்லது 0.0001 ஆங்ஸ்டீராம்.

தற்போதைய ஹைட்ரஜன் அணுவின் அளவு 0.12 நானோ மீட்டர் அல்லது வாண்டெர்வால்சு ஆரம் படி, 1.2 ஆங்ஸ்ட்ரோம் அல்லது 120 பைக்கோமீட்டர் என்ற மிக நுண்ணிய அளவுகளை குறிக்கும்.

ஹைட்ரஜன் அணுவை விட சிறிய மிகச் சிறிய உயிரின் அளவு 0.00000000001 மி.மீ என்று திருமூலர் பழங்காலத்திலேயே தெரிவிக்கின்றார்.

இப்பொழுது திருமூலர் கூறிய உயிரின் உருவம் என்பது 0.00000000001.

இந்த அளவின் படி, மனிதன் அறிய முடியாத ஒரு எல்லையை எட்டுகிறது. அதாவது ,பிளாங்க் அளவில் 618792735373290100000 பிளாங்க் நீளம் (Planck Length).

இங்கு காலவெளி ஒருமைத்தன்மை (SINGULARITY) நிலையை எய்திகிறது.

திருமூலர் கூறும் உயிரின் உருவம் இறைவன் ஆகும். ஒருமைத்தன்மையை தெய்வீக உடல் என உருவப்படுத்தப்படுகிறது. திருமூலரின் தீர்க்கதரிசமான அறிவின் வெளிப்பாடு நவீன கால விஞ்ஞான கருத்துடன் பொருந்துகிறது.

இது மிகப்பெரிய ஆச்சரியம் ஆகும்.

பண்டைய கால நாகரிகங்களில் தமிழர்கள் ஒரு முன்னேறிய சமுதாயமாக விளங்கியது.

இந்த நாகரிகத்தில் எழுத்துக்கள், எண்கள் பயன்படுத்தி இருக்கிறார்கள்.கணித எண்கள் துல்லியமான முறையில் பல அளவைகளுக்கு உபயோகபடுத்தப்பட்டது.

கீழ்வரும் பகுதி யில் தமிழ் அளவுகள் பற்றி காண்போம்.

**தமிழ் நீள அளவுகள்:**

10 கோன் - 1 நுண் அணு

10 நுண் அணு - 1 அணு

8 அணு - 1 கதிர்துகள்
8 கதிர்துகள் - 1 துசும்பு
8 துசும்பு - 1 மயிர்நுனி
8 மயிர்நுனி - 1 நுண்மணல்
8 நுண்மணல் - 1 சிறு கடுகு
8 சிறு கடுகு - 1 எள்
8 எள் - 1 நெல்
8 நெல் - 1 விரல்
12 விரல் - 1 சாண்
2 சாண் - 1 முழம்
4 முழம் - 1 பாகம்
6 ஆயிரம் பாகம் - 1 காதம் (1200 கஜம்)
4 காதம் - 1 யோசனை.

பண்டைக்காலத்தில் மிக நுண்ணிய அளவீடுகள் இருந்திருக்கலாம்.

ஆகவே, திருமூலர் அணுவை பிரிப்பது எப்படி என்பது பற்றி எண் வடிவில் விளக்கியுள்ளார்.

நவீன காலத்தில் பல மிகச் சிறந்த இயற்பியலாளர்கள் அறிவுத்திறன், அணுவை பற்றிய அடிப்படை அறிவு, இவைகளுடன் நவீன கருவிகள் உதவியுடன் அணுவை பிரித்தனர், அதன் நுண்ணிய அளவை நவீன கணித முறையின் உதவியுடன் அறிந்தனர்.

ஆனால், திருமூலர் ஒரு தீர்க்கத்தரிசி அவர் தன்னுடைய உள் மன ஆற்றலை பயன்படுத்தி அவர் அணுவை பிரித்து அதன் அளவை எவ்வாறு அறிவது என்று உணர்ந்திருந்தார். இவருடைய அணுவை பற்றிய கருத்துக்கள் வசனம் இலக்கண நடையில் இருப்பதால் மற்ற நாட்டு அறிவியல் அறிஞர்களுக்கு, இதன் குறிப்புகள் கிடைக்காமல் இருந்திருக்கலாம். இது காலம் கடந்து வருத்தப்பட வேண்டிய நிகழ்வாகும். உலகில் முன்பு இருந்த நாகரிகங்களுடைய தடயங்கள் பல ஆயிரம் வருடங்கள் கழித்து தெரிய வருகின்றது. இதற்கு பல எடுத்துக்காட்டுகளை கூறலாம். மனித வரலாற்றில் முன்னோர்களின் படைப்புக்களால் புதிய, புதிய கண்டுபிடிப்புகள், ஆராய்வுகள் இன்றளவும் நடைபெறுகிறது. இது எந்த ரூபத்தில் வேண்டுமானாலும் இருக்கும்.

இதில் திருமூலரின் அணு கொள்கைகளை ஒரு எடுத்துக்காட்டாக பயன்படுத்தலாம், இவரின் அணு கொள்கை எந்தளவு உலக மக்களிடம்

கிடைத்திருக்கும் என்பது அரிது. சிலர் அறிந்தும் இருக்கலாம், பலர் அறியாமலும் இருக்கலாம்.

மேலும், இவருடைய திருமந்திரம் நூலில் பிரபஞ்சம் மற்றும் மனித சமுதாயத்திற்கு தேவையான தத்துவங்கள் இருக்கிறது. இது இன்றைய, நாளைய அறிவியல் விஞ்ஞானிகளுக்கு உதவிகரமாக விளங்கும் என்பது திண்ணம்.

பண்டைய அணு விஞ்ஞானி திருமூலர் என்பவர் அறிவுத் திறனை பாராட்டுவது உண்மையான அறிவியல் விஞ்ஞானிகளின் கடமையாகும். இதுவே நாம் அவருக்கு அளிக்க கூடிய சிறப்பு மதிப்பாகும்.

குறிப்பு :

சில அறிவியல் கருத்துக்கள் விடுபட்டு இருக்கலாம் இந்த நூலின் நோக்கம் எளிமையான புரிதலுக்காக மட்டுமே இயற்றப்பட்டபட்டுள்ளது. காரணம் அறிவியல் என்பது சிலவற்றில் முடிவு என்ற எல்லையை பெறாத விஞ்ஞானம் ஆகும். இது ஒரு முழுமை பெற்ற விஞ்ஞான நூல் என கருதுவதும் ஏற்புடையதல்ல.

**உதவிய நூல்கள் :**

அணு விஞ்ஞானம் மெய் ஞானமும்.
மர்ம எண்களும் பஞ்சாட்சர ரகசியமும்.
என்.தம்மண்ணசெட்டியார்.
திருமூலர் திருமந்திரம்: விளக்க உரை,
ஞா.மாணிக்கவாசகன்.
பரமஹம்ஸ யோகானந்தரின்,ஒரு யோகியின் சுய சரிதம்.
தினமணி நாளிதழ்
பிரம்ம ஸூத்ரம்.
விக்கிபீடியா மற்றும் சில வலைத்தளங்கள்.
edx வலைதள இலவச கல்வி,
அறிவியல்,வேதாந்த நூல்கள்,மற்றும் பல நூல்கள்.

என் அறிவின் உயர்விற்கு உதவிய அனைவருக்கும் நன்றியை தெரிவித்து கொள்கிறேன்.

www.ingramcontent.com/pod-product-compliance
Lightning Source LLC
Chambersburg PA
CBHW020957180526
45163CB00006B/2404